ENSAIOS ELETROMAGNÉTICOS

Leandro Bertoldo

Dedicatória

Dedico este livro à minha amorosa e querida
Calma

Leandro Bertoldo
Ensaios Eletromagnéticos

"Pesquisas científicas tornam-se ilusórias, porque seus descobrimentos são mal interpretados e pervertidos" (Orientação da Criança, 41).

Ellen Gould White
Escritora, conferencista, conselheira,
e educadora norte-americana.
(1827-1915)

Sumário

Dados biográficos
Prefácio

1. Histerese Magnética
2. Geradores
3. Transformador
4. Eletrometria
5. Dissipação e Rendimento Elétrico
6. Eletrotérmica
7. Fluxo Elétrico de Cargas Puntiformes
8. Conceitos de Eletrodinâmica
9. Arco de um Campo Magnético de um Condutor Reto
10. Magnetologia
11. Processo de Magnetização
12. Teoria do Vetor Circulante
13. Vetores L
14. Distribuição Eletrônica em Função do Volume
15. Número de Frequência e Autofunções
16. Redutibilidade
17. Frequência na Cinética dos Gases
18. Desvio Gravitacional da Luz
19. Desvio da Energia e da Massa
20. Transformação da Massa e Gravidade Planetária
21. Definições Relativísticas

Dados biográficos

Leandro Bertoldo é o primeiro filho do casal José Bertoldo Sobrinho e Anita Leandro Bezerra. Tem um irmão chamado Francisco Leandro Bertoldo. Os dois seguiram a carreira no judiciário paulista, incentivados pelo pai, que via algo de desejável na estabilidade do serviço público.

Leandro fez as faculdades de Física e de Direito na Universidade de Mogi das Cruzes – UMC. Seu interesse sempre crescente pela área das exatas vem desde os seus 17 anos, quando começou a escrever algumas teses sérias a respeito do assunto. Em 1995, publicou o seu primeiro livro de Física, que foi um grande sucesso entre os professores universitários. O seu comprometimento com o Direito é resultado de suas atividades junto ao Tribunal de Justiça do Estado de São Paulo.

Leandro casou-se duas vezes e teve uma linda filha do primeiro matrimônio chamada Beatriz Maciel Bertoldo. Sua segunda esposa Daisy Menezes Bertoldo tem sido sua grande companheira e amiga inseparável de todas as horas. Muitas de suas alegrias são proporcionadas pelos seus amados cachorros: Fofa, Pitucha, Calma e Mimo.

Durante sua carreira como cientista contabilizou centenas de artigos e dezenas de livros, todos defendendo teses originais em Física e Matemática, destacando-se: "Teoria Matemática e Mecânica do Dinamismo" (2002); "Teses da Física Clássica e Moderna" (2003); "Cálculo Seguimental" (2005); "Artigos Matemáticos" (2006) e "Geometria Leandroniana" (2007), os quais estão sendo discutidos por vários grupos de pesquisas avançadas nas grandes universidades do país.

Prefácio

O autor oferece ao leitor esta obra científica produzida entre 1983/1985 e 1994/1996, a qual apresenta algumas qualidades inerentes que a singularizam.

Primeira, trata-se de artigos inéditos, selecionados das pesquisas originais do autor no campo do eletromagnetismo.

Segunda, esta obra apresenta inusitados e preciosos conceitos inovadores no campo da ciência. Ressaltando que o autor procurou ao máximo torna-los mais compreensíveis aos cientistas e pesquisadores da área de exatas.

Terceira, as novas ideias apresentadas nesta pesquisa estão fundamentadas no mais rigoroso método cientifico, o que permite a confirmação dos resultados por parte de outros pesquisadores da natureza.

O título da obra foi criado em função do grande número de artigos iniciais sobre eletromagnetismo, que permeiam a obra.

Os 21 artigos que compõem este livro consideram as seguintes pesquisas: O **1º** artigo define matematicamente o conceito de retenção magnética e grau residual de imantação. O **2º** apresenta o conceito de nível de rendimento de um gerador. O **3º** desenvolve o conceito de variante da espira de um transformador e sua classificação. O **4º** artigo cria a Eletrometria, visando o estudo da distribuição das linhas de força de um campo elétrico. O **5º** define matematicamente os conceitos de rendimento e dissipação de um gerador. O **6º** estuda a Eletrotérmica, com a criação do conceito de campos eletrotérmico. O **7º** realiza estudos sobre o fluxo elétrico e a fluxão das linhas de forças de um campo elétrico. O **8º** apresenta vários conceitos inéditos sobre Eletrodinâmica, tais como condutibilidade, coeficiente de condutibilidade etc. O **9º** pesquisa as propriedades magnéticas de um condutor reto. O **10º** apresenta pesquisas sobre o "Monopolo Magnético". O **11º** artigo estuda o processo de magnetização por atrito. O **12º** apresenta a teoria do Vetor Circulante ao redor de um condutor reto. O **13º** estuda os Vetores L aplicados em problemas de mecânica quântica, num espaço onde existe matéria corpuscular e campo elétrico. O **14º** pesquisa a concentração dos elétrons em cada nível de energia em função do espaço volumétrico. O **15º** faz uma contagem do número de ondas dos elétrons na eletrosfera. O **16º** apresenta o conceito de redutibilidade aplicada aos gases. O **17º** mostra o conceito de frequência cinética dos gases. O **18º** estuda o desvio gravitacional da luz. O **19º** analisa o desvio da energia e da massa de uma estrela. O **20º** apresenta o conceito de grau de transformação da massa planetária. O **21º** tece algumas breves considerações sobre fluxo relativístico e rendimento relativístico.

Enfim, o autor espera de coração que esta obra venha a ter boa acolhida entre cientistas, pesquisadores e o público em geral, a fim de que o conhecimento das ciências exatas possa ser expandido.

leandrobertoldo@ig.com.br

1. Histerese Magnética

1. Introdução

A histerese magnética é um fenômeno apresentado pelas substâncias ferromagnéticas (ferro, cobalto, disprásio, gadolínio, níquel, ligas especiais e aço temperado). Essas substâncias ao serem imantada, poderão permanecer imantadas, mesmo que seja retirada a causa da imantação. Isto é o que caracteriza a histerese magnética.

2. Retenção

A retenção magnética é uma grandeza adimensional definida como sendo igual à relação matemática entre a intensidade do Campo Magnético residual, pela intensidade do Campo Magnético do solenoide com núcleo de substância ferromagnética ao nível de imantação de saturação.
Simbolicamente o referido enunciado é expresso por:

$$r = b/B$$

3. Grau Residual

O grau residual de imantação de uma substância ferromagnética é definido como sendo igual à intensidade de campo magnético do solenoide com núcleo de substância ferromagnética no ponto em que atinge a imantação de saturação pela diferença matemática da intensidade do campo magnético residual que permanece na substância ferromagnética, inversa pela intensidade do campo magnético do solenoide com núcleo no ponto de saturação.

Simbolicamente o referido enunciado é expresso pela seguinte equação:

$$g = (B - b)/B$$

4. Relação

A relação entre o grau residual e a retenção magnética é demonstrada da seguinte maneira:
Sabe-se que:

$$g = (B - b)/B$$

Que resulta na seguinte equação:

$$g = 1 - (b/B)$$

Foi definido que:

$$r = b/B$$

Substituindo convenientemente as duas últimas expressões, resulta que:

$$g = 1 - r$$

Portanto conclui-se que o grau residual é igual ao valor numérico "um" menos a retenção magnética.

2. Geradores

1. Introdução

É denominado "gerador elétrico" todo dispositivo que converte em energia elétrica quaisquer outras formas de energia. Entretanto, os geradores apresentam uma resistência interna que dissipa sob a forma de calor, parte da energia elétrica gerada.

2. Rendimento

O rendimento de um gerador é definido como sendo igual ao quociente da potência útil lançado no circuito, inversa pela potência total gerada.

Simbolicamente o referido enunciado é expresso pela seguinte relação:

$$\eta = p_u/p$$

Se a resistência interna fosse nula, então ($p_u = p$), logo o rendimento do gerador elétrico seria expresso por:

$$\eta = 1 \ (100\%)$$

3. Nível de Rendimento

O nível de rendimento é uma grandeza física definida como sendo igual à diferença entre a potência total gerada pela potência útil lançada no circuito, inversa pela potência total gerada.

Simbolicamente o referido enunciado é expresso pela seguinte equação:

$$\phi = (p - p_u)/p$$

Sabe-se que a potência total gerada (**p**) é igual ao produto existente entre a força eletromotriz (**E**) pela intensidade de corrente (**i**) que atravessa o gerador.

Simbolicamente pode-se escrever que:

$$p = E \cdot i$$

Sabe-se que a potência útil (**p$_u$**) lançada no circuito é igual ao produto existente entre a tensão nos terminais (**U**) do gerador e a intensidade de corrente (**i**) que o atravessa.

Simbolicamente o referido enunciado é expresso por:

$$p_u = U \cdot i$$

Portanto, substituindo convenientemente as três últimas expressões, resulta que:

$$\phi = (E \cdot i - U \cdot i)/E \cdot i$$

Eliminando os termos em evidência, resulta que:

$$\phi = (E - U)/E$$

Que resulta na seguinte expressão:

$$\phi = 1 - (U/E)$$

4. Relação

A relação entre o rendimento e o nível de rendimento elétrico de um gerador é demonstrada da seguinte maneira:

Sabe-se que:

$$\phi = (p - p_u)/p$$

Que resulta na seguinte expressão:

$$\phi = 1 - (p_u/p)$$

Entretanto foi demonstrado que:

$$\eta = p_u/p$$

Logo, substituindo convenientemente as duas últimas expressões, resulta que:

$$\phi = 1 - \eta$$

Portanto o nível de rendimento é igual ao número "um" menos o valor do rendimento do gerador.

3. Transformador

1. Introdução

Transformador é um aparelho elétrico que possibilita transformar uma corrente elétrica alternada de baixa diferença de potencial (**ddp**), para uma alta diferença de potencial (**ddp**).

Considere que a letra (**n**) represente o número de espiras da bobina primária (aquela que recebe a corrente a ser transformada) e (**N**) seja o número de espiras da bobina secundária (aquela que fornece a corrente transformada); seja ainda, (**u**) e (**U**) os valores eficazes das respectivas diferenças de potenciais.

Foi constatado que a relação entre as referidas grandezas está caracterizada pela seguinte igualdade:

$$u \cdot N = U \cdot n$$

2. Razão Espira

A razão espira é uma grandeza física adimensional que defino como sendo igual ao quociente do número de espiras da bobina primária, inversa pelo número de espiras da bobina secundária. Simbolicamente o referido enunciado é expresso pela seguinte relação:

$$R = n/N$$

3. Variante da Espira

A variante da espira é uma grandeza física definida como sendo igual à diferença matemática entre o número de espiras da bobina secundária pelo número de espiras da bobina primária, inversa pelo número de espiras da bobina secundária. Simbolicamente o referido enunciado é expresso por:

$$S = (N - n)/N$$

4. Classificação do Transformador

Observando a última expressão pode-se concluir que, ocorrerá uma elevação de diferença de potencial toda vez que:

$$N > n$$

Nesta condição o transformador é chamado de "elevador de diferença de potencial", pois:

$$S > 0$$

Ocorrerá um abaixamento de diferença de potencial toda vez que:

$$N < n$$

Nesta circunstância o transformador é chamado de "abaixador de diferença de potencial", pois:

$$S < 0$$

Logo, o sinal algébrico da variante da espira indica se o transformador é um "elevador de ddp" ou se ele é um "abaixador de ddp".

5. Relação (I)

A relação existente entre a razão espira e a variante da espira é apresentada da seguinte forma:

Sabe-se que:

$$S = (N - n)/N$$

Que pode ser simplificada para a seguinte expressão:

$$S = 1 - (n/N)$$

Foi definido que:

$$R = n/N$$

Substituindo convenientemente as duas últimas expressões, resulta que:

$$S = 1 - R$$

Logo se pode concluir que a variante da espira é igual ao valor numérico "um" menos o valor da razão espira.

6. Relação (II)

Foi apresentada neste artigo a seguinte igualdade:

$$u \cdot N = U \cdot n$$

Também foi demonstrado que:

$$R = n/N$$

Substituindo convenientemente as duas últimas expressões, vem que:

$$u \cdot N = U \cdot R \cdot N$$

Eliminando os termos em evidência, vem que:

$$u = R \cdot U$$

Portanto pode-se concluir que a diferença de potencial na bobina primária de um transformador é igual ao produto existente entre a razão espira pela diferença de potencial da bobina secundária.

7. Relação (III)

Foi demonstrado que:

$$u = R \cdot U$$

Também foi demonstrado que:

$$S = 1 - R$$

Logo, substituindo convenientemente as duas últimas expressões, resulta que:

$$u = U \cdot (1 - s)$$

4. Eletrometria

1. Introdução

A Ciência da Eletrometria preocupa-se com o estudo e análise quantitativa da distribuição das linhas de força de um campo elétrico.

2. Intensidade Elétrica

Quando analisamos duas cargas elétricas, podemos observar e afirmar se uma delas é mais carregada do que a outra, ou se as duas apresentam a mesma intensidade elétrica.

3. Conceito de Esterorradiano

Seja uma esfera de centro (**p**) e um elemento de superfície (**ΔS**). O cone que se forma a partir do vértice (**p**) e cujas geratrizes se apoiam nos pontos de (**ΔS**), caracterizam o chamado ângulo sólido (**ΔΩ**).

Matematicamente sua definição é caracterizada pela seguinte relação:

$$\Omega = S/R^2$$

Se a área do elemento de superfície for igual a (**R2**), então a unidade do ângulo sólido será de "um esterorradiano".

Como a área de uma esfera é expressa por ($S = 4\pi \cdot R^2$), conclui-se que a esfera toda corresponde a um ângulo sólido de (**4π**) esterorradianos.

4. Fluxo do Campo Elétrico

Considere uma carga elétrica puntiforme, cuja intensidade elétrica seja (**I**), localizada num ponto (**p**), e seja (**ΔS**) um elemento de superfície de tal forma que o cone de vértice (**p**) cujas geratrizes se apoiam nos pontos de bordo de (**AS**) define um ângulo sólido (**ΔΩ**).

Desse modo pode-se definir de uma maneira precisa o "fluxo do campo elétrico" (**Δϕ**) existente no interior desse cone, devido à carga elétrica, sendo igual ao produto entre a intensidade elétrica (**I**) pelo ângulo sólido formado (**ΔΩ**).

O referido enunciado é expresso simbolicamente pela seguinte igualdade:

$$\Delta \phi = I \cdot \Delta \Omega$$

Como o ângulo sólido em torno de um ponto valo (**4π**) esterorradianos, conclui-se que o fluxo total em torno de uma carga puntiforme de intensidade elétrica (**I**) é expresso por:

$$\phi = 4\pi \cdot I$$

5. Campo Elétrico

A todo ponto do espaço nas vizinhanças de uma carga elétrica existe associado um vetor "intensidade de campo elétrico".

Para estabelecer uma definição rigorosa desse conceito e ao mesmo tempo de uma forma elementar, considere uma carga elétrica puntiforme e uma região atravessada pelas linhas de força oriunda da carga, de tal forma que um elemento de superfície de área (**ΔS**) seja atravessado.

Desse modo, por definição, denomina-se campo elétrico desse elemento de superfície a razão entre o fluxo do campo elétrico pela área (ΔS).
Simbolicamente o referido enunciado é expresso por:

$$E = \Delta\phi/\Delta S$$

Como ($\Delta\phi$) é o fluxo de campo elétrico no interior do ângulo sólido ($\Delta\Omega$) e correspondente a um cone cuja base coincide com (ΔS), onde no vértice está localizada a carga puntiforme.

Quando o campo elétrico (**E**) for o mesmo para todos os elementos da superfície, afirma-se que o campo é uniforme, sendo então expresso pelo seguinte quociente:

$$E = \phi/S$$

6. Equação Fundamental

A seguir será determinado o campo elétrico produzido por uma carga puntiforme sobre um elemento de superfície, em função da intensidade elétrica da fonte e da posição desta em relação à superfície considerada.

Portanto seja (ΔS) a área em torno de um ponto (**p'**) a uma distância (**R**) da carga. Considere que ($\Delta\phi$) seja o fluxo sobre (ΔS).

Foram definidas as seguintes verdades:

a) $E = \Delta\phi/\Delta S$

b) $\Delta\phi = I \cdot \Delta\Omega$

Substituindo convenientemente as duas últimas expressões, obtém-se que:

$$E = I \cdot \Delta\Omega/\Delta S$$

Pela definição de ângulo sólido, sabe-se que:

$$\Delta\Omega = \Delta S \cdot \cos \alpha / R^2$$

Sendo que a letra (α) representa o ângulo formado entre a normal a (ΔS) e a reta que liga (**p**) e (**p'**). Portanto, substituindo convenientemente as duas últimas expressões, obtém-se que:

$$E = I \cdot \cos \alpha / R^2$$

A referida expressão pode ser chamada por "Equação Fundamental da Eletrometria". Ela permite estabelecer os seguintes enunciados fundamentais:

1º. O campo elétrico produzido por uma carga puntiforme sobre um elemento de superfície é proporcional à intensidade elétrica da carga.

2º. O campo elétrico oriundo de uma carga pontual sobre um elemento de superfície é inversamente proporcional ao quadrado da distância que separa a carga da superfície considerada.

3º. O campo elétrico criado por uma carga puntiforme sobre um elemento de superfície é proporcional ao cosseno do ângulo formado pela normal à superfície com o raio médio do feixe.

Se for considerado apenas o caso particular do campo elétrico normal, para o qual ($\alpha = 0°$), de modo que (**cos α = 1**), tem-se que:

$$E = I/R^2$$

Nestas condições o campo elétrico é igual à relação matemática entre a intensidade elétrica pelo quadrado da distância.

Evidentemente a definição apresentada em todos meus trabalhos é elementar, sendo que uma definição rigorosamente exata implicaria na demonstração dos resultados por uma integral.

5. Dissipação e Rendimento Elétrico

1. Introdução

A corrente elétrica no interior de um gerador, lança num circuito externo uma potência representada simbolicamente por:

$$P_l = U \cdot i$$

Onde a letra (**U**) representa uma diferença de potencial elétrico e a letra (**i**) representa a intensidade de corrente elétrica.

A potência total do gerador é expressa por:

$$P_T = E \cdot i$$

Onde a letra (**E**) representa o conceito de força eletromotriz.

A potência dissipada internamente pelo gerador é expressa por:

$$p_d = r \cdot i^2$$

Onde a letra (**r**) representa a resistência elétrica do gerador.

Assim, pode-se escrever que:

$$p_T = p_l + p_d$$

Desse modo, a potência total é parcialmente lançada no circuito e parcialmente dissipada pelo próprio gerador. Então, para avaliar a proporções de potência total sobre os fenômenos de lançamento e de dissipação, passo apresentar as seguintes grandezas adimensionais:

a)   **Rendimento**

b)   **Dissipação**

2. Conceito de Rendimento

O rendimento pode ser definido pela seguinte relação matemática:

$$\eta = p_l/p_T$$

3. Conceito de Dissipação

Defino a dissipação pela seguinte expressão matemática:

$$\psi = p_d/p_T$$

4. Relação entre Dissipação e Rendimento de um Gerador

Para se estabelecer a relação matemática existente entre os conceitos de dissipação e rendimento de um gerador, basta somar as referidas grandezas, obtendo-se a seguinte apresentação:

$$\eta + \psi = p_l/p_T + p_d/p_T = (p_l + p_d)/p_T = p_T/p_T$$

Portanto, posso concluir que:

$$\eta + \psi = 1$$

Ou seja:

$$\psi = 1 - \eta$$

Assim, por exemplo, quando o gerador apresenta um rendimento $\eta = 0,8$ significa que 80% da potência total foram lançadas no circuito externo. Os restantes 20% foram dissipadas internamente pelo próprio gerador elétrico.

5. Rendimento e f.e.m.

O rendimento é expresso por:

$$\eta = p_l/p_T$$

Como se sabe:

a) $p_l = U \cdot i$

b) $p_T = E \cdot i$

Assim, substituindo convenientemente as três últimas expressões, vem que:

$$\eta = U \cdot i / E \cdot i$$

Ao eliminar os termos em evidência, resulta que:

$$\eta = U/E$$

6. Dissipação e f.e.m

A dissipação é expressa por:

$$\psi = p_d/p_T$$

Porém, sabe-se que:

a) $p_d = r \cdot i^2$

b) $p_T = E \cdot i$

Substituindo convenientemente as três últimas expressões, vem que:

$$\psi = r \cdot i^2/E \cdot i$$

Eliminando os termos em evidência, resulta que:

$$\psi = r \cdot i/E$$

Logo posso concluir que a dissipação é igual ao quociente da resistência elétrica interna de um gerador em produto com a intensidade de corrente elétrica, inversa pelo valor da força eletromotriz (f.e.m).

7. Equação de Gerador Deduzida da Equação Básica

A equação básica estabelece a seguinte realidade:

$$1 = \eta + \psi$$

Porém, sabe-se que:

a) $\eta = U/E$

b) $\psi = r \cdot i/E$

Substituindo convenientemente as três últimas expressões, pode-se escrever que:

$$1 = (U/E) + (r \cdot i/E)$$

Assim, vem que:

$$1 = (U + r \cdot i)/E$$

Portanto, pode-se escrever que:

$$E = U + r \cdot i$$

Tal expressão permite apresentar simbolicamente a equação do gerador da seguinte maneira:

$$U = E - r \cdot i$$

6. Eletrotérmica

1. Introdução

É do conhecimento geral que toda corrente elétrica ao percorrer um condutor, sofre a ação de uma resistência, conhecida como resistência elétrica, criando em sua volta um campo de calor que chamo por campo eletrotérmico.

A resistência de um resistor é igual à relação existente entre a diferença de potencial, pela intensidade de corrente. Simbolicamente escreve-se que:

$$R = U/i$$

2. Primeira Lei da Eletrotérmica

A primeira lei da eletrotérmica permite calcular o módulo da intensidade de campo eletrotérmico em um ponto próximo de um condutor retilíneo, muito longo, sob a ação de uma diferença de potencial.

Sabendo que a letra (**U**) representa a diferença de potencial elétrico, a letra (**Ψ**) representa a intensidade de campo eletrotérmico em um ponto situado a uma distância (**d**) do eixo do condutor; então se pode escrever que:

$$\Psi = c \cdot U/\pi \cdot d^2$$

Onde a letra (**c**) representa o comprimento do circulo. Sabe-se que:

$$U = R \cdot i$$

Logo, pode-se escrever que:

$$\Psi = c \cdot R \cdot i/\pi \cdot d^2$$

3. Segunda Lei da Eletrotérmica

O módulo do campo eletrotérmico no centro de uma espira circular, sob a ação de uma diferença de potencial elétrico, será expresso pela seguinte relação:

$$\Psi = c \cdot U/\pi^2$$

Onde a letra (**r**) representa o raio da espira em questão. Sabendo-se que:

$$U = R \cdot i$$

Pode-se escrever que:

$$\Psi = c \cdot R \cdot i/\pi^2$$

4. Terceira Lei da Eletrotérmica

O módulo da intensidade de um campo eletrotérmico no interior de um solenoide é expresso pela seguinte equação:

$$\Psi = n \cdot 2 \cdot c \cdot U/r$$

Onde a letra (**n**) representa o número de espiras. Sabendo-se que:

$$U = R \cdot i$$

Então posso escrever que:

$$\Psi = 2 \cdot n \cdot c \cdot R \cdot i/r$$

7. Fluxo Elétrico de Cargas Puntiformes

1. Introdução

O fluxo elétrico (ϕ) de um campo uniforme é igual ao produto existente entre vetor campo elétrico (**E**), entre a área (**S**) atravessada pelas linhas de forças e pelo cosseno do ângulo formado entre a normal, a superfície e o vetor campo elétrico.

Simbolicamente, o referido enunciado é expresso por:

$$\phi = E \cdot s \cdot \cos\theta$$

2. Fluxão

Uma carga elétrica apresenta linhas de força em todas as direções. Fluxão é a parte desse fluxo no interior de um ângulo sólido, tendo por vértice a carga elétrica e contornando a superfície que recebe o fluxo do vetor campo elétrico.

Então, considere uma carga elétrica puntiforme; ou seja, cujas dimensões sejam desprezíveis em relação à distância envolvida.

Dada uma direção (**d**), considere um ângulo sólido muito pequeno ($\Delta\Omega$), que contenha essa direção.

Desse modo, defino fluxão ($\Delta\Omega$) elétrica de uma ponte puntiforme como sendo igual ao quociente da variação do fluxo elétrico (Ψ), inversa pelo ângulo sólido ($\Delta\Omega$).

Simbolicamente, o referido enunciado é expresso pela seguinte relação:

$$\Psi = \Delta\phi/\Delta\Omega$$

3. Ângulo Sólido

O ângulo sólido é expresso simbolicamente por:

$$\Delta\Omega = \Delta s \cdot \cos\theta/d^2$$

Assim, posso escrever que:

$$\Psi = \Delta\phi/(\Delta s \cdot \cos\theta/d^2)$$

Logo, vem que:

$$\Psi = \Delta\phi \cdot d^2/\Delta s \cdot \cos\theta$$

Portanto, posso concluir que:

$$\Delta\phi = \Psi \cdot \Delta s \cdot \cos\theta/d^2$$

4. Campo Elétrico e Fluxão

Sabe-se que:

$$\Delta\phi = \Delta E \cdot \Delta s \cdot \cos\theta$$

Afirmei que:

$$\Delta\phi = \Psi \cdot \Delta\Omega$$

Igualando convenientemente as duas últimas expressões, vem que:

$$\Psi \cdot \Delta\Omega = \Delta E \cdot \Delta S \cdot \cos\theta$$

Substituindo o ângulo sólido, posso escrever que:

$$\Psi \cdot \Delta S \cdot \cos\theta / d^2 = \Delta E \cdot \Delta S \cdot \cos\theta$$

Ao eliminar os termos em evidência, resulta que:

$$\Delta E = \Psi / d^2$$

Sabendo-se que:

$$\Psi = \Delta\phi / \Delta\Omega$$

Posso escrever que:

$$\Delta\phi = \Delta E \cdot \Delta\Omega \cdot d^2$$

5. Fluxo Total

O fluxo elétrico total de uma carga puntiforme em qualquer direção é determinado da seguinte forma:
Demonstrei que:

$$\Delta\phi = \Psi \cdot \Delta\Omega$$

No caso considerado, posso escrever que:

$$\Omega = 4\pi$$

Substituindo convenientemente as duas últimas expressões, vem que:

$$\Delta\phi_T = 4\pi \cdot \Psi$$

6. Relação Entre Campo Elétrico

A eletrostática mostra que o valor de um campo elétrico é expresso por:

$$E = Q/4\pi \cdot \epsilon \cdot d^2$$

Demonstrei que:

$$E = \Psi/d^2$$

Igualando convenientemente as duas últimas expressões, vem que:

$$\Psi/d^2 = Q/4\pi \cdot \epsilon \cdot d^2$$

Eliminando os termos em evidência, vem que:

$$\Psi = Q/4\pi \cdot \epsilon$$

Onde a letra (**Q**) representa o valor da carga elétrica e a letra (ϵ), representa a permissividade absoluta do meio.

Também, demonstrei que:

$$\Delta\phi = \Delta E \cdot \Delta\Omega \cdot d^2$$

Logo, posso concluir que:

$$\Delta\phi = Q \cdot \Delta\Omega \cdot d^2/4\pi \cdot \epsilon \cdot d^2$$

Ao eliminar os termos em evidência, resulta que:

$$\Delta\phi = Q \cdot \Delta\Omega/4\pi \cdot \epsilon$$

Sabendo-se que:

$$\Psi = Q/4\pi \cdot \epsilon$$

Sabendo-se que:

$$\phi_T = 4\pi \cdot \Psi$$

Posso escrever que:

$$\phi_T = 4\pi \cdot Q/4\pi \cdot \epsilon$$

Eliminando os termos em evidência, vem que:

$$\phi_T = Q/\epsilon$$

8. Conceitos de Eletrodinâmica

1. Introdução

A condutibilidade é a propriedade que um sólido cristalino apresenta de permitir o escoamento de elétrons através dele (condutor), sendo o seu grau de condutibilidade expresso numericamente pelo conceito que costumo chamar por "coeficiente de condutibilidade".

A determinação do coeficiente de condutibilidade é feita tendo em vista uma lei deduzida em 1985, de acordo com a qual o fluxo eletrônico é diretamente proporcional ao potencialmetrico.

Simbolicamente, a referida lei é expressa por:

$$\phi = \beta \cdot p$$

Onde a letra (ϕ), representa o fluxo eletrônico; a letra (β) representa a condutividade; a letra (p) representa na condução elétrica a grandeza física que denominei por potencialmétrico.

2. Potencialmétrico

O potencialmétrico é uma grandeza física que defino como sendo igual ao quociente da diferença de potencial a qual um condutor está submetido, inversa pelo comprimento linear de tal condutor.

Simbolicamente, posso estabelecer que:

$$p = U/l$$

3. Coeficiente de Condutibilidade

Na prática, é muito mais conveniente trabalhar com a área de secção transversal total (**A**) do condutor do que com a área média de seus vazios (**a**). Desse modo, procurei definir o coeficiente de condutibilidade (γ) como sendo o fluxo eletrônico médio aparente (ϕ_m) de escoamento de elétrons através da área total (**A**) da secção transversal do sólido cristalino (condutor), sob um potencialmétrico unitário (**p = 1**). Assim:

$$\phi_m = \gamma \cdot p$$

4. Relação entre Condutividade e Coeficiente de Condutibilidade

A relação existente entre a condutividade (β) e o coeficiente de condutibilidade (γ) pode ser facilmente estabelecida desde que se admita ser a área média (**a**) de vazios do solo diretamente proporcional ao volume de vazios (**v**).

Com efeito, posso escrever que:

$$\phi = \Delta q/a$$

Onde (Δq), representa a variação de cargas elétricas que atravessam a secção transversal.

Naturalmente, posso escrever que:

$$\phi = \Delta q/a = \beta \cdot p$$

Portanto, conclui-se o seguinte:

$$\phi_m = \Delta q/A = \gamma \cdot p$$

De onde:

$$A/a = \beta/\gamma$$

Admitindo-se a proporcionalidade entre as áreas e os volumes, tem-se o seguinte:

$$a/v = A/V$$

Ou seja:

$$A/a = V/v$$

Logo se pode escrever que:

$$V/v = \beta/\gamma$$

Ocorre que a relação entre o volume (**V**) pelo volume de vazios do sólido cristalino é igual ao inverso de uma grandeza denominada por porosidade.

Simbolicamente, pode-se escrever que:

$$1/n = V/v$$

Substituindo as duas últimas expressões, vem que:

$$1/n = \beta/\gamma$$

Ou seja:

$$\gamma = n \cdot \beta$$

Portanto, conclui-se de tal expressão que:

$$\phi_m = n \cdot \phi$$

A quantidade total de elétrons (Δq) através de uma área (**A**) durante um intervalo de tempo (Δt) será expressa por:

$$\Delta q = A \cdot \gamma \cdot p \cdot \Delta t$$

Ocorre que a intensidade de corrente elétrica é expressa por:

$$i = \Delta q / \Delta t$$

Substituindo convenientemente as duas últimas expressões, vem que:

$$i = A \cdot \gamma \cdot p$$

5. Condutividade, Resistividade e Coeficiente de Condutibilidade

Sabe-se que a condutividade é o inverso da resistividade.

Simbolicamente, pode-se escrever que:

$$\beta = 1/\rho$$

Ocorre que demonstrei:

$$\gamma = n \cdot \beta$$

Substituindo convenientemente as duas últimas expressões, vem que:

$$\gamma = n \cdot \rho$$

Portanto, posso concluir que:

$$i = A \cdot p \cdot n/\rho$$

6. Formula de Resistência Elétrica

Para se chegar à dedução da formula de resistência elétrica para uma associação em paralelo; deve-se considerar inicialmente uma associação de dois resistores quaisquer em paralelo, cuja resistência equivalente é expressa por:

$$1/R_e = 1/R_1 + 1/R_2$$

Portanto, resulta que:

$$1/R_e = (R_1 + R_2)/R_1 \cdot R_2$$

Onde a letra (R_e), representa a resistência equivalente da associação; (R_1) e (R_2), representam a resistência elétrica dos resistores.

Com relação à última expressão, pode-se escrever que:

$$R_e = R_1 \cdot R_2/(R_1 + R_2)$$

Para uma associação de três ou mais resistores quaisquer, associados em paralelo, a mesma regra pode ainda ser aplicada; entretanto deve-se agora ser aplicada sucessivamente tantas vezes quantas necessárias for. Tornando como exemplo o caso de três resistores associados em paralelo, podem-se apresentar os seguintes procedimentos:

a) Primeiro Procedimento

$$R' = R_1 \cdot R_2/(R_1 + R_2)$$

Reaplicando a regra obtém-se:

b) Segundo procedimento

$$R_e = R_3 \cdot R'/(R_3 + R')$$

O valor de (R_e) expressa a resistência elétrica equivalente. Ou então empregar a dedução de uma nova formula, como a indicada na seguinte demonstração para três resistores associados em paralelo.

$$1/R_e = 1/R_1 + 1/R_2 + 1/R_3$$

Portanto, resulta que:

$$1/R_e = (R_2 \cdot R_3 + R_1 \cdot R_3 + R_1 \cdot R_2)/R_1 \cdot R_2 \cdot R_3$$

Isto implica que:

$$R_e = R_1 \cdot R_2 \cdot R_3/(R_2 \cdot R_3 + R_1 \cdot R_3 + R_1 \cdot R_2)$$

Para uma associação em paralelo de quatro resistores, tem-se:

$$1/R_e = 1/R_1 + 1/R_2 + 1/R_3 + 1/R_4$$

Portanto, resulta que:

$$1/R_e = R_2.R_3.R_4 + R_1.R_3.R_4 + R_1.R_2.R_4 + R_1.R_2.R_3/R_1.R_2.R_3.R_4$$

Logo, posso escrever que:

$$R_e = R_1.R_2.R_3.R_4/R_2.R_3.R_4 + R_1.R_3.R_4 + R_1.R_2.R_4 + R_1.R_2.R_3$$

Ao generalizar as referidas formulas, obtém-se uma resistência elétrica genérica, representada por:

$$R_G = R_1 \cdot R_2 \cdot R_3 ... R_{n-1} \cdot R_n$$

Desse modo, posso afirmar que o produto existente entre todas as resistências que compõem a associação em paralelo caracteriza a resistência elétrica genérica.

Com um estudo das formulas anteriores e o emprego do meu conceito de resistência genérica, obtém-se a seguinte expressão:

$$R_e = R_G/R_G \cdot R^{-1}_1 + R_G \cdot R^{-1}_2 + R_G \cdot R^{-1}_3 + ... + R_G \cdot R^{-1}_{n-1} + R_G \cdot R^{-1}_n$$

Quando se tem uma associação em paralelo de (**n**) resistores de resistências iguais, tem-se a seguinte equação:

$$R_e = R^n/n \cdot R^{n-1}$$

Tal expressão traduz as chamadas formulas de Leandro.

9. Arco de um Campo Magnético de um Condutor Reto

1. Introdução

Um condutor reto, extenso e vertical percorrido por uma corrente elétrica (**i**), apresenta linhas de indução do campo magnético, com circunferência concêntrica.

Tal campo apresenta uma intensidade expressa por:

$$B = \mu_0 \cdot i/C$$

Onde a letra (**B**), representa o campo magnético, a letra (μ_0) representa a permeabilidade magnética do vácuo, a letra (**C**), representa o comprimento das circunferências concêntricas.

Considerando apenas o arco da circunferência, posso escrever que:

$$D = \pi \cdot d \cdot \alpha/180°$$

Onde a letra (**D**), representa o arco de uma circunferência, a letra (**d**) a distância que separa um ponto (**p**) do fio condutor, a letra (α), representa o ângulo formado e o número (**180°**) representa o valor de cento e oitenta graus.

Portanto, o valor do campo magnético num arco da circunferência concêntrica é expresso por:

$$\Psi = \mu_0 \cdot i/D$$

Ou melhor:

$$\Psi = (\mu_0 \cdot i)/(\pi \cdot d \cdot \alpha/180°)$$

Logo, resulta que:

$$\Psi = (\mu_0 \cdot 180°/\pi) \cdot (i/d \cdot \alpha)$$

2. Relações Entre Campo Magnético e Arco Magnético

Sabe-se pelo eletromagnetismo que:

$$B = \mu_0 \cdot i/2\pi \cdot d$$

Afirmei que:

$$\Psi = \mu_0 \cdot 180° \cdot i/\pi \cdot d \cdot \alpha$$

Dividindo membro a membro, resulta que

$$B = \alpha \cdot \Psi/360°$$

3. Arco Magnético em Radiano

Sabe-se que o arco de uma circunferência é igual ao produto existente entre o raio da circunferência pelo ângulo em radianos.

Simbolicamente, pode-se escrever que:

$$D = d \cdot \theta$$

Onde a letra (θ) representa o ângulo em radianos. Logo, posso concluir que:

$$\Psi = \mu_0 \cdot i/d \cdot \theta$$

4. Magnetismo Angular

Defino o magnetismo angular (θ) como sendo igual ao quociente do produto da permeabilidade magnética pela intensidade de corrente, inversa pelo valor do ângulo compreendido entre um dado arco.

Simbolicamente, o referido enunciado é expresso por:

$$\phi = \mu_0 \cdot i/\theta$$

5. Tensão Magnética

Defino a tensão magnética de um condutor reto como sendo igual ao produto existente entre o campo magnético pela distância. Simbolicamente, posso escrever que:

$$T = B \cdot d$$

Ou seja:

$$T = \mu_0 \cdot i / 2\pi$$

Então entre dois pontos do campo magnético, existe a seguinte igualdade:

$$T = B_1 \cdot d_1 = B_2 \cdot d_2$$

10. Magnetologia

1. Introdução

Em 1982, foi realizado em Paris a 21ª- Conferência Internacional de Física de Altas Energias.

A referida conferência apresentou a análise da experiência realizada em Stanford, onde foi detectada a existência de um "monopolo magnético". Tal partícula apresenta uma massa extremamente elevada, cerca de dez quadrilhões de vezes mais que a do próton.

2. Definições

No presente tratado vou denominar o referido monopolo magnético por "magnéton".

O magnéton apresenta duas propriedades que vão fundamentar os princípios básicos deste artigo; a saber:

a) Está definitivamente provada a existência de partículas com polos magnéticos isolados;
b) As propriedades magnéticas do magnéton podem ser consideradas concentradas em um único ponto matemático.

3. Carga Magnética

Nenhum dos fenômenos magnéticos dos magnetos pode ser explicado em termos de movimento de cargas elétricas. Logo, pode-se afirmar que o magnéton é uma partícula portadora de carga magnética de valor (x).

Devido à simetria da natureza, pode-se afirmar que existem apenas duas espécies de cargas magnéticas que se atraem ou se repelem de acordo com a seguinte lei qualitativa: "Cargas magnéticas de mesma natureza se repelem e as de natureza diferentes se atraem".

A soma algébrica de cargas magnéticas é nula quando ocorre a neutralização das propriedades magnéticas observáveis.

4. Divisão da Magnetologia

Costumo considerar a divisão da Magnetologia em Magnetostática e Magnedinâmica; a saber:

a) A Magnetostática procura estudar os fenômenos provocados por cargas magnéticas em equilíbrio.
b) A Magnedinâmica estuda os fenômenos resultantes de cargas magnéticas em movimento.

5. Lei da Atração Magnética

A simetria da natureza permite afirmar que a força que uma carga magnética exerce sobre outra é proporcional ao produto das cargas e inversamente proporcional ao quadrado da distância entre elas, tendo como suporte a reta que passa pelas duas cargas.

$$F = K\, x_1 \cdot x_2/d^2$$

Onde a letra (**K**) representa uma constante de proporcionalidade.

6. Fluxo de Cargas Magnéticas

O fluxo de cargas magnéticas que atravessa uma região do espaço é a razão entre o número de magnéton que atravessa uma secção transversal, qualquer, do espaço, durante certo intervalo de tempo, e este intervalo de tempo.

Se (**t**) é o intervalo de tempo durante o qual uma determinada secção do espaço é atravessada por um número (**n**) de cargas; o fluxo (ϕ), suposto constante, será dado pela seguinte relação:

$$\phi = n/\Delta t$$

7. Intensidade de Corrente Magnética

Defino a intensidade de corrente magnética de cargas magnéticas que atravessa uma secção transversal do espaço, como sendo igual ao produto existente entre o fluxo de cargas magnéticas pelo valor da carga magnética elementar.

Simbolicamente, o referido enunciado é expresso por:

$$z = \phi \cdot x$$

Qualquer carga magnética pode ser representada como um múltiplo inteiro da carga do magnéton. Ou seja:

$$Q = n \cdot x$$

8. Efeito Elétrico

Um importante efeito oriundo de corrente de magnétons é o efeito elétrico, deduzido a partir de considerações de simetria da natureza.

9. Campo Magnético

O campo magnético oriundo de uma carga magnética é definido como sendo igual ao quociente da força magnética que uma carga de teste sofre nas proximidades de outra, inversa pelo valor de tal carga.

Simbolicamente, o referido enunciado é expresso por:

$$J = F/x_1$$

Ficou demonstrado que:

$$F = K\, x_1 \cdot x_2/d^2$$

Igualando convenientemente as duas últimas expressões, vem que:

$$x_1 \cdot J = K\, x_1 \cdot x_2/d^2$$

Ao eliminar os termos em evidência, resulta que:

$$J = K\, x_2/d^2$$

10. Trabalho Magnético

O trabalho de uma força constante e paralela ao deslocamento retilíneo é igual ao produto entre a força pela distância que a carga foi deslocada.

Simbolicamente, pode-se escrever que:

$$\vartheta = F \cdot d$$

Porém, sabe-se que:

$$F = x_1 \cdot J$$

Logo, posso escrever que:

$$\vartheta = x_1 \cdot J \cdot d$$

11. Potencial Magnético

Defino o potencial magnético como sendo igual ao produto existente entre o campo magnético produzido por uma carga de referência, pela distância que uma carga de teste percorre nesse campo.

Simbolicamente, o referido enunciado é expresso por:

$$T = J \cdot d$$

Foi demonstrado que:

$$\vartheta = x_1 \cdot J \cdot d$$

Substituindo convenientemente as duas últimas expressões, vem que:

$$\vartheta = x_1 \cdot T$$

11. Processo de Magnetização

1. Introdução

O magnetismo pode ser induzido nos materiais de quatro maneiras diferentes:

a) Pela ação de outro imã, por toque ou batida;

b) Por martelada num bloco de substância magnética alinhada na direção do campo magnético da Terra;

c) Pelo aquecimento de uma peça de substância magnética, posteriormente resfriada em um campo magnético;

d) Pela passagem de uma corrente elétrica através de uma bobina que envolva um bloco de substância magnética.

Entre tais processos de magnetização, deve ser incluído o processo de "magnetização por indução", que consiste em aproximar, sem tocar, um imã (**A**) a um pedaço de ferro qualquer (**B**). Os elétrons responsáveis pelas propriedades magnéticas do ferro são facilmente orientados. Quando o polo norte de um imã é aproximado de ferro, os elétrons desse ferro adquirem certa orientação: passam a girar num determinado sentido. A extremidade do pedação de ferro, que se encontra mais próxima do polo norte do imã, passa a ser o polo sul do mesmo, que é atraído pelo imã.

2. Processo de Magnetização

I- Ao amolar uma faca com uma pedra-lima, pude verificar que certos resíduos ficavam presos próximos ao fio da faca, a princípio pensei que se tratava do farelo da pedra-lima; porém, verificando melhor concluí que se tratava da própria limalha da faca.

II- Portanto descobri que ao amolar a faca as limalhas da mesma ficavam em muitos casos presas na lamina, próximos ao fio da faca.

III- Procurando a natureza da força que ligava a lamina às suas limalhas, pude verificar que se tratava de uma força de origem magnética; pois, ao encostar uma substância Ferromagnética (como uma agulha desmagnetizada) nas limalhas presas no fio da faca, muitas delas ficaram presas à agulha.

IV- Ao aproximar um imã das limalhas presas no fio da faca, pude verificar que as referidas limalhas sofriam atração ou repulsão de acordo com o polo do imã que se aproximava. Portanto, concluí que na realidade tais limalhas eram minúsculos imãs dipolares.

V- Verifiquei que ao aproximar um imã das limalhas localizadas na extremidade da ponta da faca, elas apresentavam repulsão, enquanto que as limalhas localizadas próximo à extremidade do cabo da faca apresentavam atração; invertendo a polaridade do imã as limalhas da ponta da faca apresentaram atração, enquanto que as da extremidade do cabo apresentavam repulsão.

VI- As limalhas presas no fio da faca distribuíram-se como se estivesse imersas num campo magnético.

VII- Se um imã for aproximado o suficiente das limalhas presas no fio da faca, de acordo com o polo do imã, as limalhas ao sofrerem uma atração se deslocavam da faca para o imã; porém, quando mudei a polaridade do imã e o aproximei das limalhas presas no fio da faca, estas sofreram uma repulsão, e após alguns segundos aconteceu algo muito curioso: as limalhas que estavam em estado de repulsão pouco a pouco foram perdendo suas propriedades magnéticas repulsivas e passaram a ser atraídas pelo ímã; portanto, conclui-se que as limalhas sofreram uma modificação de polaridade por influência do ímã. Embora tal mudança de polaridade ocorresse, as limalhas continuavam sendo minúsculos ímãs, pois mesmo com a mudança dos polos, continuavam presas na lamina.

VIII- Ao aquecer as limalhas presas no fio da faca, elas emitiam radiação visível de tal forma que pareciam uma aura envolvendo o fio da faca, e apesar da faca ficar rublo e as limalhas muito mais, eles continuavam presas no fio da faca, embora tais limalhas tivessem perdido todas as suas propriedades magnéticas, como pude constatar com um ímã. Portanto, desconheço a natureza da força que mantinha presa as limalhas ao fio da faca, após as mesmas terem atingido o ponto Curie.

IX- A teoria do magnetismo de Ampére permite explicar o processo de magnetização observado, da seguinte maneira: O atrito da lima no metal provoca o esfolamento do metal, cujas limalhas são arrancadas numa determinada direção, o que provoca a orientação dos solenoides moleculares em um mesmo sentido, de modo que suas ações se juntem produzindo um efeito magnético apreciável. Naturalmente é um fenômeno de superfície, como requer a teoria de Ampére.

12. Teoria do Vetor Circulante

1. Introdução

Sabe-se que as linhas de indução do campo magnético de um condutor reto, percorrido por corrente, são circunferências concêntricas com o condutor, situados em perpendiculares a ele. Considere a circulação de um vetor num percurso plano fechado e considere também que em um ponto (**p**) o vetor no plano do percurso circule segundo uma circunferência concêntrica.

Então é evidente que o tempo gasto para o vetor efetuar uma volta completa em movimento circular uniforme é igual ao período; assim, a velocidade angular é constante e expressa por:

$$\omega = 2\pi \cdot f$$

Onde a letra (ω) representa a velocidade angular, e a letra (**f**), representa a frequência de circulação do vetor.

2. Definição Angular

O ângulo subtendido pela circunferência completa em radianos é expresso por:

$$\alpha = 2\pi$$

O arco magnético é expresso por:

$$\phi = \mu_0 \cdot i/\alpha$$

Então, no arco total, tem-se que:

$$\phi = \mu_0 \cdot i/2\pi$$

Pelo eletromagnetismo sabe-se que o valor do campo magnético (**B**) é expresso por:

$$\mathbf{B} = \mu_0 \cdot i/2\pi \cdot d$$

Onde a letra (μ_0) representa a permeabilidade magnética do vácuo, a letra (**i**) representa a intensidade de corrente elétrica, e a letra (**d**) representa a distância que separa um ponto do fio condutor.

Dividindo membro a membro as duas últimas expressões, tem-se que:

$$\phi = \mathbf{B} \cdot \mathbf{d}$$

3. Velocidade Angular do Vetor Circulante e Arco Total

Sabe-se que:

$$\omega = 2\pi \cdot f$$

Afirmei que:

$$\phi = \mu_0 \cdot i/2\pi$$

Substituindo convenientemente as duas últimas expressões, vem que:

$$\phi = \mu_0 \cdot i/(\omega/f)$$

Ou seja:

$$\phi = \mu_0 \cdot i \cdot f/\omega$$

Onde a letra (**f**) representa a frequência de circulação de um vetor nas linhas de indução do campo magnético de um condutor reto.

Demonstrei que:

$$\phi = B \cdot d$$

Então, posso escrever que:

$$B \cdot d = \mu_0 \cdot i \cdot f/\omega$$

Ou seja:

$$B = \mu_0 \cdot i \cdot f/\omega \cdot d$$

Ocorre que a velocidade escalar (**v**) do vetor circulante é expressa por:

$$v = \omega \cdot d$$

Substituindo convenientemente as duas últimas expressões, vem que:

$$B = \mu_0 \cdot i \cdot f/v$$

13. Vetores L

1. Introdução

O vetor elétrico L (**L**) é definido simbolicamente pela seguinte expressão:

$$L = \Psi \times E$$

Tal expressão mostra que se pode associar um vetor (**L**) à quantidade de energia transportada por unidade de tempo e por unidade de área, por uma onda de "De Broglie", associada a um estado no espaço.

O símbolo (Ψ) representa a grandeza denominada por função onda e a grandeza (**E**), representa o campo elétrico de uma onda.

Os vetores (Ψ) e (**E**) representam os valores instantâneos da função onda e campo elétrico no ponto considerado.

O conceito do vetor elétrico quando aplicada a muitos problemas de mecânica quântica onde existe influência entre matéria corpuscular e campo elétrico.

2. Vetor Magnético L

Defino a grandeza física denominada por vetor magnético L pela seguinte relação matemática:

$$R = (1/\mu_0) \cdot \Psi \times B$$

A letra (**B**) representa o vetor "campo magnético".

3. Vetor Eletromagnético L

O vetor eletromagnético L (**V**) é expresso simbolicamente pela seguinte relação matemática:

$$V = (1/\mu_0) \cdot \Psi \times E \times B$$

O conceito do vetor eletromagnético L conduz a resultados significativos, quando aplicado a problemas em que intervêm ondas de matéria e eletromagnéticas progressivas ou estacionárias.

Os vetores (**Ψ**), (**E**) e (**B**) representam valores instantâneos da função onda e dos campos elétrico e magnético no ponto considerado. Usualmente, tem-se interesse no valor médio de (**V**). Calculado sobre um ou mais ciclos da onda. É possível mostrar com relativa facilidade que (**V**) é ligado aos valores máximos de (**Ψ**), (**E**) e (**B**) pela equação:

$$V = (1/2\mu_0) \cdot \Psi_m \cdot E_m \cdot B_m$$

O símbolo (μ_0) representa a constante de permeabilidade.

4. Dinamismo

O dinamismo da onda de matéria é uma grandeza física que defino matematicamente como sendo igual ao produto existente entre a função onda pela massa da partícula considerada.

Simbolicamente, o referido enunciado é expresso pela seguinte equação:

$$D = \Psi \cdot m$$

Tal conceito estabelece a ligação fundamental existente entre as ondas de matéria e sua massa como partícula.

O dinamismo da onda de matéria de uma partícula que se move com velocidade (**v**), relativamente a um observador, deve ser expresso por:

$$D = \Psi \cdot m_0/\sqrt{1 - v^2/c^2}$$

Deve-se verificar que tal expressão para o dinamismo da onda de "De Broglie" satisfaz o princípio de relatividade.

5. Dispersão de Ondas de Matéria

A espectroscopia analisa as luz policromáticas exclusivamente devido ao fenômeno de dispersão luminosa.

Como as ondas de matéria apresentam muita semelhança com as ondas eletromagnéticas, é evidente que as ondas de matéria apresentam dispersão, o que vem a caracterizar o conceito de dispersão de matéria.

Naturalmente, para se observar tal fenômeno é necessário considerar a existência de cristais prismáticos de refringência que seriam utilizados na análise da dispersão da matéria.

14. Distribuição Eletrônica em Função do Volume

1. Introdução

A concentração dos elétrons em cada nível determina, a uma dada energia, certas propriedades eletrônicas do átomo. Para conhecê-la devem-se saber quantos níveis existem disponíveis em cada intervalo volumétrico, assim como a probabilidade destes serem ocupados. Portanto, posso escrever que:

$$N(V) = f(V) \cdot g(V)$$

A mecânica quântica mostra que:

$$f(V) = \Psi^2 \cdot dV$$

Tal expressão traduz a probabilidade da partícula estar próxima de um ponto considerado. Mais exatamente, considerando-se um elemento de volume (**dV**) que contenha esse ponto.

Já, com relação à função **g(V)**, é possível provar que o número de níveis permitido por unidade de volume pode ser representada simbolicamente pela seguinte relação:

$$g(V) = N/dV$$

Substituindo convenientemente as duas últimas expressões, pode-se concluir que:

$$d(n)(V) = \Psi^2 \cdot N$$

15. Número de Frequência e Autofunções

1. Introdução

Vou considerar a questão da contagem do número de ondas estacionárias dos elétrons na eletrosfera, com comprimentos de onda no intervalo entre (λ e $\lambda + d\lambda$), que corresponde ao intervalo de frequências de (**f a f + df**). Para ressaltar as ideias consideradas vou trabalhar apenas com a componente unidimensional de comprimentos (**a**), a partir do qual pode ser facilmente generalizado para o caso considerado.

A equação de Planck permite estabelecer o valor da frequência por:

$$f = E/h$$

Onde (**f**) é a frequência, (**E**) a energia da partícula e (**h**) a constante de Planck. O número de ondas é expresso por:

$$n = 2 \cdot a/\lambda, \; n = 1, 2, 3...$$

Onde (λ) representa o comprimento de onda, (**a**) representa o comprimento da orbita do elétron.

De Broglie estabeleceu que a quantidade de movimento de um corpúsculo é expressa por:

$$q = h/\lambda$$

Substituindo convenientemente as duas últimas expressões, vem que:

$$n = 2 \cdot a/(h/q)$$

Portanto, vem que:

$$n = 2 \cdot a \cdot q/h$$

Naturalmente, posso escrever que:

$$h = 2 \cdot a \cdot q/n$$

Substituindo a referida expressão, na equação de Planck, vem que:

$$f = E/(2 \cdot a \cdot q/n)$$

Assim, vem que:

$$f = n \cdot E/2 \cdot a \cdot q$$

Podem-se representar esses possíveis valores de frequência em termos de um diagrama, consistindo de um eixo no qual se marca um ponto para cada valor inteiro de (**n**). O número de frequência no intervalo de frequência entre (**f** e **f + df**), é denominado por (**N(f) df**). Assim, se torna evidente a seguinte realidade:

$$N(f)\, df = (2 \cdot a \cdot q/E) \cdot df$$

Para o caso de orbita circular tem-se: **a = 2Rπ**.
Onde a letra (**R**), representa o raio do círculo.

2. Energia Total e Número de Frequências

Sabe-se, pelo parágrafo anterior que:

$$N(f)\, df = (2 \cdot a \cdot q/E) \cdot df$$

A energia total (**E**) de uma partícula de massa (**m**) relacionada com sua energia cinética ($q^2/2m$) e sua energia potencial (**k**) permite escrever:

$$E = (q^2/2m) + k$$

Logo, vem que:

$$E = (q^2 + k \cdot 2m)/2m$$

Logo, posso estabelecer a seguinte verdade:

$$N(f)\, df = [(4a \cdot q \cdot m)/(q^2 + 2m \cdot k)]\, df$$

Também, posso escrever que:

$$1/N\,(f)\, df = (q^2 + 2m \cdot k)/(4a \cdot q \cdot m) \cdot (1/df)$$

Assim, vem:

$$1/N\,(f)\, df = [(q^2/4a \cdot q \cdot m) + (2m \cdot k/4a \cdot q \cdot m)]\, 1/df$$

Eliminando, convenientemente, os termos em evidência da segunda parcela, vem que:

$$1/N\,(f)\, df = [(q^2/4a \cdot q \cdot m) + (k/4a \cdot q)]\, 1/df$$

Simplificando tal expressão pode-se escrever que:

$$1/N\,(f)\, df = (1/2 \cdot a \cdot q) \cdot (q^2/2m + k)\, 1/df$$

3. Nova Equação

Demonstrei que:

$$N(f) \, df = (2 \cdot a \cdot q/E) \cdot df$$

Naturalmente, posso escrever que:

$$E = (2 \cdot a \cdot q/N(f)df) \, df$$

A equação de Schroedinger independente do tempo é expressa simbolicamente por:

$$E \cdot \Psi(x) = (h^2/2m) \cdot (d^2\Psi(x)/dx^2) + k \cdot \Psi(x)$$

Desprezando uma longa demonstração, considero a seguinte verdade:

$$E \cdot \Psi(x) = (2 \cdot a \cdot q/N(f)df) \, df \cdot \Psi(x)$$

Logo, posso escrever que:

$$E \, \Psi(x) \cdot N(f)df = 2 \cdot a \cdot q \cdot df \cdot \Psi(x)$$

Assim, posso estabelecer que:

$$E \, \Psi(x) \cdot N(f)df - 2 \cdot a \cdot q \cdot df \cdot \Psi(x) = 0$$

Simplificando a referida expressão, resulta que:

$$(E \cdot N(f) - 2 \cdot a \cdot q) \cdot \Psi(x) \cdot df = 0$$

Como:

$$E \, \Psi(x) = (2 \cdot a \cdot q/N(f)df) \, df \cdot \Psi(x)$$

Tal resultado substituído na equação de Schroedinger independente do tempo permite escrever que:

$$(-h^2/2m) \cdot (d^2\Psi(x)/dx^2) + k \cdot \Psi(x) = (2 \cdot a \cdot q/N(f)df) \, \Psi(x) \cdot df$$

Logo, resulta que:

$$-N(f)df \cdot (h^2/2m) \cdot (d^2\Psi(x)/dx^2) + (k \cdot \Psi(x)) = 2 \cdot a \cdot q \cdot \Psi(x) \, df$$

Leandro Bertoldo
Ensaios Eletromagnéticos

16. Redutibilidade

1. Introdução

Sabe-se que quando dois gases reagem, resultando num produto gasoso, o volume total, antes ou após a reação, pode permanecer constante ou reduzir.

Portanto, pode-se definir uma grandeza adimensional chamada *redutibilidade*. Ela permite avaliar que proporção do volume inicial sofre o fenômeno de contração.

A *redutibilidade* é definida como sendo igual ao quociente do volume do produto gasoso formado, inverso pela soma dos volumes dos gases reagentes.

Simbolicamente, o referido enunciado é expresso pela seguinte relação:

$$r = V/S$$

Portanto, por exemplo, quando uma reação entre dois gases apresentar *redutibilidade* (**r = 0,3**), isto significa que 30% do volume dos gases reagentes foram contraídos. Tudo avaliado em condições normais de pressão e temperatura (**CNPT**).

Na Química existe uma grandeza denominada *contração de volume*. Ela é definida pela seguinte expressão:

$$c = (S - V)/S$$

Onde (**c**), representa a contração de volume, (**S**) a soma dos volumes dos gases reagente e (**V**) o volume do produto gasoso formado.

Substituindo convenientemente as duas últimas expressões, resulta que:

$$c = 1 - r$$

Logo, a contração de volume é igual à diferente entre o valor numérico "um" pela redutibilidade.

17. Frequência na Cinética dos Gases

1. Introdução

Um fenômeno é periódico quando se repete, identicamente, em intervalos de tempo iguais. O período (**T**) é o intervalo de tempo de repetição do fenômeno. Nos fenômenos periódicos, além de período (**T**), considera-se outra grandeza, a frequência (**f**). Chama-se frequência (**f**), o número de vezes que o fenômeno se repete na unidade de tempo.

O período (**T**) e a frequência (**f**) relacionam-se, de acordo com a seguinte expressão:

$$f \cdot T = 1$$

A unidade de frequência no Sistema Internacional é denominada hertz (abreviatura: Hz)

2. Conceitos

Considere um recipiente cúbico de aresta (**l**) contendo (**N**) moléculas de um gás perfeito. Pode-se supor que, em média, o efeito produzido pelo movimento das moléculas em dada uma das três direções espaciais (**0x, 0y** e **0z**).

Seja (m_0) a massa de cada molécula e (**v**) o módulo de sua velocidade média. Considere uma molécula que se move na direção (**0x**). Ao colidir elasticamente com a face (A_1) a molécula retorna sofrendo uma variação de quantidade de movimento igual a:

$$Q = 2m_0 \cdot v$$

Entre dois choques consecutivos numa mesma face (A_1), a molécula percorre uma distância igual a (2l); oscilando da posição da face (A_1) até (A_2), onde colide com esta e retorna a (A_1), repetindo a oscilação. Trata-se de um fenômeno periódico, pois ao se estabelecer uma velocidade média, tem-se a repetição ininterrupta as referida oscilação em intervalos de tempo iguais. O período (T) é o intervalo de tempo para a molécula deslocar-se de (A_1) a (A_2) e retornar novamente a (A_1). Então, defino período cinético (T) como sendo o intervalo de tempo entre estes dois choques consecutivos como sendo expresso por:

$$T = 2l/v$$

Como a frequência é o inverso do período; posso escrever que:

$$f = 1/T$$

Substituindo convenientemente as duas últimas expressões, vem que:

$$f = v/2l$$

O que representa o número de vezes que a molécula colide com (A_1), na unidade de tempo.
Tal expressão permite escrever que:

$$v = 2l \cdot f$$

Onde (**f**) é a frequência cinética; ou seja, o número de vezes que a molécula colide com (A_1) na unidade de tempo.
Agora, vou introduzir o conceito de movimento harmônico da molécula gasosa (**MHL**), que caracteriza o movimento

de um ponto material numa trajetória retilínea, oscilando periodicamente entre dois pontos fixo de choque, sob a ação de uma quantidade de movimento orientado para a posição de choque e chama-se quantidade de movimento de retorno.

3. Pressão de Um Gás

A variação da quantidade de movimento transmitida à face (A_1) pela molécula no período é expressa por:

$$f \cdot 2m_0 \cdot v$$

Em média, na face (A_1) age 1/3 do número total (N) de moléculas. Assim, resulta que a variação total da quantidade de movimento transmitida à face (A_1), na unidade de tempo será expressa por:

$$2f \cdot N \cdot m_0 \cdot v/3$$

Pelo teorema do Impulso, resulta que a força média sobre a face (A_1) tem intensidade:

$$F = 2N \cdot m_0 \cdot f \cdot v/3$$

Sendo a massa do gás, expressa por ($m = N \cdot m_0$), posso escrever que:

$$F = 2m \cdot f \cdot v/3$$

Assim, a pressão do gás sobre a face (A_1) será:

$$p = F/l^2$$

Naturalmente, posso escrever que:

$$p = 2m \cdot f \cdot v/3l^2$$

Onde (l^2) representa a área da face. Observe que:

$$v/l = 2f$$

Então, posso escrever que:

$$p = 4m \cdot f^2/3l$$

4. Densidade Superficial de Energia Cinética de um Gás

A expressão ($v = 2l \cdot f$), permite escrever a seguinte:

$$v^2 = 4l^2 \cdot f^2$$

A energia cinética de um gás é a soma das energias cinéticas de suas moléculas e expressa por:

$$E_c = m \cdot v^2/2$$

Substituindo convenientemente as duas últimas expressões, vem que:

$$E_c = 4m \cdot l^2 \cdot f^2/2$$

Eliminando os termos em evidência, vem que:

$$E_c = 2m \cdot l^2 \cdot f^2$$

A densidade superficial de energia cinética das moléculas é igual a energia cinética total inversa pela superfície (A_1) de área (**A**).

$$D = E_c/A$$

Porém, como ($A = l^2$), posso escreve que:

$$D = E_c/l^2$$

Assim, posso concluir que:

$$D = 2m \cdot f^2$$

Demonstrei que:

$$p = 4m \cdot f^2/3l$$

Evidentemente, posso escrever que:

$$m \cdot f^2 = p^3 \cdot l/4$$

Então, posso escrever que:

$$D = 2 \cdot 3 \cdot p \cdot l/4$$

Portanto, resulta que:

$$D = 3p \cdot l/2$$

5. Frequência Média das Moléculas

A velocidade média das moléculas é expressa por:

$$v^2 = 3R \cdot T/M$$

Demonstrei que:

$$v^2 = 4l^2 \cdot f^2$$

Igualando convenientemente as duas últimas expressões, vem que:

$$4l^2 \cdot f^2 = 3R \cdot T/M$$

Assim, posso escrever que:

$$f^2 = 3R \cdot T/4M \cdot l^2$$

Ou

$$f^2 = 3R \cdot T/4M \cdot A$$

Naturalmente, também, posso escrever que:

$$f = 3R \cdot T/2M \cdot v \cdot l$$

A referida expressão mostra que a frequência média das moléculas de um gás depende da natureza específica do gás, traduzida pela molécula-grama (**M**), também depende da velocidade média das moléculas e da distância do choque.

Para um dado gás, a frequência (**f**) depende da temperatura (**T**) e da área da superfície de contato (l^2) = (**A**).

6. Energia Cinética Média por Molécula

Sendo (**N**) o número de moléculas e (**E**) a energia cinética do gás, resulto que a energia cinética média por molécula (**e**), é expressa por:

$$e = E/N$$

Demonstrei que:

$$E = 2m \cdot l^2 \cdot f^2$$

Então, posso escrever que:

$$e = 2m \cdot l^2 \cdot f^2/N$$

Porém, sabe-se que: ($m = n \cdot M$); então, posso escrever que:

$$e = 2n \cdot M \cdot l^2 \cdot f^2/N$$

Sabe-se que: ($n = N/N_A$), onde (N_A) é o número de Avogadro; assim, posso escrever que:

$$e = 2N \cdot M \cdot l^2 \cdot f^2/N_A \cdot N$$

Eliminando os termos em evidência, resulta que:

$$e = 2M \cdot l^2 \cdot f^2/N_A$$

Porém, sabe-se que ($v = 2l \cdot f$), assim, posso escrever que:

$$e = M \cdot v \cdot l \cdot f/N_A$$

7. Relação Entre Equações

A teoria cinética clássica mostra que:

$$p = m \cdot v^2/3V$$

Onde (**V**) é o volume ocupado pelo gás.
Demonstrei que:

$$p = 4m \cdot f^2/3l$$

Igualando as duas últimas expressões, vem que:

$$m \cdot v^2/3V = 4m \cdot f^2/3l$$

Eliminando os termos em evidência, vem que:

$$v^2/V = 4f^2/l$$

8. Distribuição de Frequências

Uma aplicação interessante e até mesmo importante da lei de distribuição de Maxwell-Boltzmann é a determinação das frequências moleculares num gás.

Um gás é idealizado como um sistema de moléculas que se movem em todas as direções com frequência cinéticas diferentes. As moléculas são livres exceto quando colidem entre si ou com as paredes do recipiente. Em cada choque, a energia e a quantidade de movimento são trocados. Entretanto, quando o equilíbrio é alcançado, ocorre uma distribuição bem definida de frequências.

Num gás, todas as frequências são possíveis. Ao invés de se falar de quantas moléculas tem uma determinada frequência, estou mais interessado no número (**dn**) de moléculas que estão numa frequência entre (**f** e **f + df**), independentemente da direção de oscilação.

A partir da lei da distribuição das energias das moléculas num gás ideal, é possível mostrar que o número de moléculas, por unidade de intervalo de frequência (**dn/df**),é demonstrado da seguinte forma:

Sabe-se que:

$$E = 2m \cdot l^2 \cdot f^2$$

E, assim,

$$dE/df = 4m \cdot l^2 \cdot f^2$$

Obtém-se que:

$$dn/df = dn/dE \cdot dE/df = 4m \cdot l^2 \, dn/dE$$

Fazendo a substituição de ($E = 2m \cdot l^2 \cdot f^2$), na equação da distribuição da energia de Maxwell, obtém-se:

$$dn/df = 4\pi N \cdot (2m \cdot l^2/\pi k \cdot T)^{3/2} \cdot f^2 \cdot e^{-2m \cdot l2 \cdot f2/kT}$$

Tal equação é a fórmula para a distribuição das frequências das moléculas de um gás.

Observe que a distribuição das frequências é diferente para cada gás e para cada valor de superfície, devido ao parâmetro (**m**) referente à massa molecular e devido ao parâmetro (l^2) referente à área da superfície de contato.

Como a área (**A = l^2**); a equação anterior permite escrever que:

$$dn/df = 4\pi \cdot N \cdot (2m \cdot A/\pi k \cdot T)^{3/2} \cdot f^2 \cdot e^{-2m \cdot A \cdot f2/kT}$$

9. Número de Colisões e Algumas Consequências

O número de colisões possíveis no intervalo de colisão entre (**N**) e (**N + dN**), denominado por **S(N)dN**. É verificado pela seguinte verdade:

A) $\qquad S(N)dN = (2l/v) \cdot dN$

A variação da quantidade de movimento transmitida a uma das faces pelas moléculas será expressa por:

$$(2m_0 \cdot v \cdot 2l/v) \cdot dN = 4m_0 \cdot l \cdot dN$$

Onde a letra (m_0) representa a massa da molécula.

Em média na face (**A**) age 1/3 do número (**X**) de moléculas, assim, posso escrever que:

$$(4/3) \cdot X \cdot m_0 \cdot l \cdot dN$$

Pelo teorema do impulso, resulta que a força média sobre a face (**A**), tem intensidade:

$$F = (4/3) \cdot (X \cdot m_0 \cdot l) \cdot dN$$

Sabe-se que ($m = X \cdot m_0$), assim, posso concluir que:

B) $$F = (4/3) \cdot (m \cdot l) \cdot dN$$

Sabe-se que a pressão sobre a face (**A**) é expressa por: ($p = F/l^2$); assim vem:

$$p = (4/3) \cdot (m \cdot l/l^2) \cdot dN$$

O que resulta:

C) $$p = (4/3) \cdot (m/l) \cdot dN$$

Evidentemente a densidade unidimensional é expressa pela seguinte igualdade: ($\mu = m/l$); assim, posso concluir que:

D) $$p = (4/3) \cdot \mu \cdot dN$$

18. Desvio Gravitacional da Luz

1. Introdução

Está mais do que comprovado de que a massa de uma grande estrela exerce uma tremenda força gravitacional sobre a luz.

Intensos campos gravitacionais podem atrair a luz, de tal forma a lhe alterar a frequência. Nestas condições a gravidade faz com que a frequência da onda captada por um observador seja diferente da frequência real da onda emitida pela fonte. Isto implica que a luz proveniente da superfície solar tem um comprimento de onda diferente do que a luz oriunda do mesmo material na terra.

2. Velocidade de Escape

Para que a luz emitida possa escapar da estrela é necessário que a "velocidade de escape" seja inferior à velocidade da luz.

Quanto maior for a massa de um corpo, maior será a velocidade de escape. Para que a luz escape de uma estrela é necessário que tenha velocidade superior à velocidade de escape.

A Física demonstra que a velocidade de escape é expressa por:

$$V_e = \sqrt{2GM/R}$$

Onde (**G**) é a constante da gravidade de Newton, (**M**) a massa da estrela e (**R**) o raio da estrela considerada.

Dependendo do valor da velocidade de escape, a gravidade exerce uma influência tal que ela altera a frequência da luz, provocando a contração ou expansão do comprimento de onda. Na contração, os pulsos são pressionados uns sobre os outros e, na expansão, os pulsos são distendidos uns dos outros.

3. Desvio Gravitacional da Luz

Este efeito se refere à maneira como o comprimento de onda é afetado pela gravidade. A luz que escapa de uma estrela devido a força de atração gravitacional será alongada, deslocando-se para a extremidade vermelha. Já a luz que não consegue escapar da estrela será comprimida e desloca em direção à extremidade do espectro de comprimento de onda mais curto.

4. Desvio Cinemático da Luz

O cálculo da velocidade de um corpo celeste distante baseia-se fundamentalmente num princípio conhecido como "efeito Doppler".

Ao ser aplicado a ondas de luz, o efeito Doppler revela-se em cor. Desse modo, o avermelhado da luz proveniente de um corpo celeste significa que este está se afastando do observador. Este fenômeno é conhecido como desvio para o vermelho.

Entretanto, se as ondas luminosas de uma fonte que se aproxima do observador, tendem a mover-se no espectro em direção do extremo violeta, o fenômeno é conhecido como o desvio para o azul.

A equação que traduz o efeito do desvio cinemático para o vermelho é expressa por:

$$f' = f \cdot [(1 - (v/c)] / \sqrt{[1 - (v^2/c^2)]}$$

Sendo (**v**) a velocidade de afastamento da estrela e (**c**) a velocidade da luz no vácuo, em virtude do efeito Doppler, a frequência da luz captada pelo observador na Terra terá um valor (**f'**), menor do que (**f**).

5. Desvio Gravitacional Para o Vermelho (DGV)

Enquanto a velocidade de escape for menor do que a velocidade da luz e, quanto maior for a gravidade da fonte luminosa, o observador verificaria que a frequência com que as ondas são recebidas diminui. Essa diminuição da frequência das ondas luminosas faz com que a luz visível se torne ligeiramente mais avermelhada.

Este efeito poderia muito bem ser denominado por "desvio gravitacional para o vermelho", para distinguir do conhecido "desvio cinemático para o vermelho".

Evidentemente existem estrelas com massa suficientemente grande e tamanho suficientemente pequeno para que sua velocidade de escape seja menor ou próxima da velocidade da luz. E isto representa a maioria das estrelas.

Neste caso a frequência percebida pelo observador (**f'**) é menor que a frequência emitida pela fonte (**f**).

Simbolicamente pode-se escrever que:

$$DGV \rightarrow f' < f$$

6. Desvio Gravitacional Para o Azul (DGA)

Quando a velocidade de escape apresenta um valor maior do que a velocidade da luz, então a luz emanada por essa fonte não sairá dela.

Segundo a teoria da relatividade especial nada pode se mover mais rápido do que a luz. Então, se a velocidade de escape de um corpo celeste é maior do que a velocidade da luz, nada pode escapar. Nestas condições essa região é conhecida como "buraco negro".

O limite do buraco negro é conhecido por "horizonte de eventos". Este é formado por uma fonte de onda de luz oriunda da estrela que por pouco não consegue escapar para o infinito e fica pairando na borda. É denominado por "raio de Schwarzschild".

Este raio é expresso simbolicamente por:

$$R = 2G \cdot M/c^2$$

Abaixo do horizonte de eventos, a frequência luminosa aumenta. A luz visível fica mais azul. Tal fenômeno pode perfeitamente ser denominado por "desvio gravitacional para o azul", em distinção ao "desvio cinemático para o azul".

Nestas condições, a frequência captada por um eventual observador (**f'**) é maior que a frequência emitida pela fonte.

Simbolicamente o referido enunciado é expresso por:

$$DGA \rightarrow f' > f$$

7. Compensação de Desvios

Quando a fonte se afasta do observador, ocorre uma diminuição gradual da frequência das ondas luminosas. Isto faz com que a luz visível vá se tornando ligeiramente mais avermelhada.

Quando a fonte apresenta uma grande atração gravitacional, ocorre a diminuição da frequência das ondas luminosas que escapam para o infinito. Este fenômeno gravitacional faz com que a luz visível vá se tornando ligeiramente mais avermelhada.

Verifica-se, portanto, a existência de dois fenômenos distintos provocando o desvio para o vermelho. Isto implica que para se calcular corretamente a velocidade das galáxias é absolutamente necessário fazer as devidas compensações entre os desvios cinemático e gravitacional para o vermelho, sob a pena de calcular erroneamente a velocidade de afastamento das galáxias.

8. Equação de Desvio

Admita que uma estrela esteja emitindo luz numa frequência (**f**). Considere que a velocidade de escape da estrela seja (**v$_e$**). Sendo (**c**) a velocidade da luz no vácuo. Por causa do efeito gravitacional, a frequência da luz observada fora da estrela terá um valor (**f'**), menor do que (**f**). Ela é expressa pela seguinte equação:

$$f' = f \cdot [(1 - (v_e/c)]/\sqrt{[1 - (v_e/c)^2]}$$

Logo, a velocidade de escape da estrela provoca uma diminuição na frequência da luz observada. Assim o espectro desloca-se para o vermelho (cor de menor frequência).

Quanto maior for a velocidade de escape da estrela, tanto mais intenso é o desvio para o vermelho.

19. Desvio da Energia e da Massa

1. Introdução

Considere que uma estrela esteja se afastando da Terra com velocidade (**V**). Admita que a luz emitida pela estrela tenha uma frequência (**f**) de uma dada cor.

Sendo (**c**) a velocidade da luz no vácuo, por causa do Efeito Doppler, a frequência da luz captada terá um valor (**f'**), expressa pela seguinte equação:

$$f' = f \cdot [(1 - (v/c)] / \sqrt{[1 - (v/c)^2]}$$

2. Desvio de Energia

A Física Quântica demonstra que a energia de um corpúsculo é igual ao produto entre a constante de Planck pela sua frequência.

Simbolicamente o referido enunciado é expresso por:

$$W = h \cdot f$$

Substituindo convenientemente a referida expressão na equação do Efeito Doppler, resulta que:

$$W = W \cdot [(1 - (v/c)] / \sqrt{[1 - (v/c)^2]}$$

Dessa forma, o afastamento da estrela acarreta uma redução na energia captada na Terra.

3. Desvio de Massa

Albert Einstein demonstrou que a energia tem inércia. A equação de Einstein estabelece que a energia é igual à massa multiplicada pela velocidade da luz ao quadrado.
Simbolicamente, o referido enunciado é expresso por:

$$W = m \cdot c^2$$

Substituindo convenientemente a referida expressão na equação do desvio de energia, conclui-se que:

$$m' = m \cdot [(1 - (v/c)] / \sqrt{[1 - (v/c)^2]}$$

A referida expressão estabelece que o afastamento de uma estrela, acarreta uma redução na inércia dos corpúsculos que emanam de sua superfície e captados na Terra. Este efeito chamado "desvio da massa" será tanto mais intenso quanto maior for a velocidade de afastamento da estrela. Para que tal efeito possa se tomar mensurável é necessário que a fonte tenha velocidade próxima à da luz no vácuo.

20. Transformação da Massa e Gravidade Planetária

1. Introdução

A estrela Sol é uma fonte energética que continuamente irradia energia para o espaço. Segundo as equações de Einstein, a matéria transforma-se em energia. Por esse motivo, a estrela Sol a todo instante perde massa, cerca de milhares de toneladas de matéria por segundo.

2. Grau de Transformação

A grandeza denominada grau de transformação é um condito definido como sendo igual à relação matemática existente entre a massa que desaparece (transformada em energia) pela massa total do sistema.
Simbolicamente, posso escrever que:

$$x = m_d/M$$

3. Equação da Força Gravitacional

A equação gravitacional de Newton é expressa por:

$$F = G \cdot m \cdot M/d^2$$

Onde a letra (**F**) representa a força; (**G**) uma constante universal; (**m**) massa de um corpo exposto no campo gravitacional da estrela; (**M**) massa da estrela e (**d**) a distância que separa os centros de massas da estrela e do corpo.

Substituindo convenientemente a equação do grau de transformação, na equação gravitacional de Newton, tem-se que:

$$f = G \cdot m \cdot (M - m_2)/d^2$$

Como:

$$m_d = x \cdot M$$

Posso escrever que:

$$f = G \cdot m \cdot (M - x \cdot M)/d^2$$

Logo, resulta que:

$$f = G \cdot m \cdot M \cdot (1 - x)/d^2$$

Entretanto sabe-se que:

$$F = G \cdot m \cdot M/d^2$$

Assim, substituindo as duas últimas expressões, vem que:

$$f = F \cdot (1 - x)$$

Também, posso escrever que:

$$f \cdot d^2_2 = F \cdot d^2 \cdot (1 - x)$$

Portanto:

$$\sqrt{d^2_2/d^2} = \sqrt{[(F/f) \cdot (1 - x)]}$$

Assim:

$$d_2/d = \sqrt{[(F/f) \cdot (1-x)]}$$

Como:

$$\Delta f = F - f$$

Posso escrever que:

$$\Delta f = (F - F) \cdot (1 - x)$$

Ou seja:

$$\Delta f = F \cdot [(1 - 1) \cdot (1 - x)]$$

Logo, vem que:

$$\Delta f = F \cdot (1 - 1 + x)$$

Portanto, resulta que:

$$\Delta f = F \cdot x$$

4. Equação da Orbita Planetária

A velocidade orbital é expressa por:

$$v^2 = G \cdot M/d$$

Após desaparecer uma parte da massa, tem-se que:

$$V^2 = G \cdot (M - m_d)/d$$

Como:

$$m_d = x \cdot M$$

Vem que:

$$V^2 = G \cdot [M - (x \cdot M)]/d$$

Logo, resulta que:

$$V^2 = (G \cdot M/d) \cdot (1 - x)$$

Porém:

$$v^2 = G \cdot M/d$$

Substituindo convenientemente as duas últimas expressões, vem que:

$$V^2 = v^2 \cdot (1 - x)$$

A quantidade de movimento angular planetária permite escrever que:

$$m^2_1 \cdot V^2_1 \cdot d^2_1 = m^2_2 \cdot V^2_2 \cdot d^2_2$$

Ocorre que:

$$V^2 = G \cdot M/d$$

Substituindo convenientemente as duas últimas expressões, vem que:

$$m^2_1 \cdot G_1 \cdot M_1 \cdot d^2_1/d_1 = m^2_2 \cdot G_2 \cdot M_2 \cdot d^2_2/d_2$$

Assim, vem que:

$$m^2_1 \cdot G_1 \cdot M_1 \cdot d_1 = m^2_2 \cdot G_2 \cdot M_2 \cdot d_2$$

Porém, suponho invariável a massa planetária, logo, vem que:

$$m^2_1 = m^2_2 \text{ e } G_1 = G_2$$

Portanto, resulta que:

$$M_1 \cdot d_1 = M_2 \cdot d_2$$

Sendo:

$$M_2 = M_1 - m_d$$

Posso escrever que:

$$M_1 \cdot d_1 = (M_1 - m_d) \cdot d_2$$

Como demonstrei:

$$m_d = x \cdot M_1$$

Ao substituir as duas últimas expressões, vem que:

$$M_1 \cdot d_1 = (M_1 - x \cdot M_1) \cdot d_2$$

Assim, posso escrever:

$$M_1 \cdot d_1 = M_1 \cdot (1 - x) \cdot d_2$$

Eliminando os termos em evidência, resulta que:

$$d_1 = d_2 \cdot (1 - x)$$

5. Equação do Período Sideral

A terceira lei de Kepler, sob o ponto de vista da Teoria Gravitacional Newtoniana, pode ser expressa por:

$$T^2_1 = 4\pi^2 \cdot d^3/G \cdot M$$

Onde a letra (**T**) representa o período sideral de um planeta. Entretanto, se uma parte da massa (M_0), desaparece na conversão matéria-energia tem-se que:

$$T^2_2 = 4\pi^2 \cdot d^3/G \cdot (M - m_d)$$

Ocorre que:

$$m_d = x \cdot M$$

Substituindo convenientemente as duas últimas expressões, vem que:

$$T^2_2 = 4\pi^2 \cdot d^3/G \cdot (M - x \cdot M)$$

Logo, posso escrever que:

$$T^2_2 = 4\pi^2 \cdot d^3/G \cdot M \cdot (1 - x)$$

Ocorre que:

$$T^2_1 = 4\pi^2 \cdot d^3/G \cdot M$$

Substituindo convenientemente as duas últimas expressões, vem que:

$$T^2_2 = T^2_1/(1 - x)$$

Ou seja:

$$T_2 = T_1/\sqrt{(1-x)}$$

6. Equação do Fluxo

A equação do fluxo representa o fluxo médio de matéria convertida em energia, no intervalo de tempo.

Simbolicamente, a equação do fluxo pode ser expressa por:

$$\phi = m_d/\Delta t$$

Ocorre que:

$$m_d = M_i - M_f$$

Isto significa que a massa que desaparece na conversão matéria-energia é igual à massa inicial do sistema pela diferença da massa final que o sistema passa a apresentar.

Substituindo convenientemente as duas últimas expressões, vem que:

$$\phi = M_i - M_f/\Delta t$$

De acordo com os referido termos, posso escrever que:

$$x = m_d/M_i$$

Também, posso escrever que:

$$x = (M_i - M_f)/M_i$$

Logo, vem que:

$$x = 1 - (M_f/M_i)$$

Substituindo a equação do fluxo na equação do grau de transformação, obtém-se que:

$$\phi = x \cdot M_i/\Delta t$$

São simplesmente espantosas as conclusões matemáticas para o futuro do sistema planetário. A teoria é tão evidente que fica por conta do leitor tirar as suas próprias conclusões.

21. Definições Relativísticas

1. Introdução

Na Mecânica Relativística, o fator escala ($1/\sqrt{1 - v^2/c^2}$), não tem um significado físico fundamental. Entretanto por meio deste fator, defino o fluxo relativístico que caracteriza um fenômeno avaliado num referencial (**R**) que se movimenta em relação ao referencial (**r**). Este significado físico é muito importante para se compreender a filosofia da Mecânica Relativística.

Portanto, fluxo relativístico (ϕ) é igual ao fator escala. Simbolicamente:

$$\phi = 1/\sqrt{1 - v^2/c^2}$$

Com o desenvolver do presente artigo, o fluxo relativístico será mais bem compreendido. Por exemplo, sabe-se pela teoria da relatividade que os intervalos de tempo sofrem variações, conforme a seguinte expressão:

$$T = T_0/\sqrt{1 - v^2/c^2}$$

Esta expressão de Einstein indica que (T) é maior que (T_0). É a chamada dilatação do tempo.

Pela última expressão, pode-se escrever que:

$$T/T_0 = 1/\sqrt{1 - v^2/c^2}$$

Substituindo convenientemente o fator escala, temos o significado físico para o fluxo relativístico:

$$\phi = T/T_0$$

Portanto o fluxo relativístico (ϕ) é a dilatação do tempo dos processos físicos em geral, quando em movimento relativo, em relação à duração dos processos físicos, quando em repouso.

Ou seja, o fluxo relativístico do movimento relativo é a dilatação do tempo ocorrido na unidade de tempo natural, quando em repouso.

O fluxo relativístico também pode ser definido em termos de massa de um corpo em movimento relativo a altas velocidades. Eis que Einstein demonstrou que a massa de tal corpo é expressa por:

$$m = m_0/\sqrt{1 - v^2/c^2}$$

Portanto, pode-se escrever que:

$$m/m_0 = 1/\sqrt{1 - v^2/c^2})$$

Logo resulta que:

$$\phi = m/m_0$$

Ou seja, o fluxo relativístico pode ser definido fisicamente como sendo o aumento de massa (**m**) ocorrido, quando o corpo está em movimento relativo, pela massa que apresentaria em repouso (**m$_0$**).

Einstein também demonstrou que a massa é uma forma de energia expressa por:

$$W = m \cdot c^2$$

Também demonstrou que a energia de repouso pode ser expressa por:

$$W_0 = m_0 \cdot c^2$$

Substituindo convenientemente as três últimas expressões, vem que:

$$\phi = (W/c^2)/(W_0/c^2)$$

$$\phi = W \cdot c^2/W_0 \cdot c^2$$

$$\phi = W/W_0$$

Ou seja, o fluxo relativístico também pode ser definido como sendo a quantidade de energia de um corpo, quando em movimento relativo, que aumenta em relação a sua energia de repouso.

2. Rendimento Relativístico

Ficou apresentado que a energia total é expressa por:

$$W = m \cdot c^2$$

Também foi apresentado que a energia de repouso é expressa por:

$$W_0 = m_0 \cdot c^2$$

Portanto decorre que a variação de energia será expressa por:

$$\Delta W = W - W_0$$

Assim, defino o conceito de rendimento relativístico como sendo igual à relação existente entre a variação de energia pela energia total.
Simbolicamente posso escrever que:

$$n = \Delta W/W$$

Como $(\Delta W = W - W_0)$ posso escrever que:

$$n = (W - W_0)/W$$

Portanto, resulta que:

$$n = 1 - (W_0/W)$$

Sabendo-se que: $W_0 = m_0 \cdot c^2$ e $W = m \cdot c^2$, posso escrever:

$$n = 1 - (m_0 \cdot c^2/m \cdot c^2)$$

Logo, resulta:

$$n = 1 - (m_0/m)$$

Também, posso estabelecer a seguinte verdade:

$$n = 1 - (T_0/m)$$

Porém, demonstrei anteriormente que:

$$\phi = T/T_0 = m/m_0 = W/W_0$$

Portanto, posso escrever que:

$$1/\phi = T_0/T = m_0/m = W_0/W$$

Logo, substituindo convenientemente as referidas expressões, obtém-se que:

$$n = 1 - (1/\phi)$$

Esta expressão permite estabelecer importante conclusão: "O rendimento relativístico é função exclusiva do fluxo relativístico".

Portanto, posso concluir que:

a) $n = \Delta W/W$

b) $1/\phi = W_0/W$

Somando as duas grandezas, obtém-se:

$$n + (1/\phi) = \Delta W/W + W_0/W = (\Delta W + W_0)/W = W/W$$

Portanto:

$$n + (1/\phi) = 1$$

A referida expressão nada mais é do que a definição de rendimento relativístico.

www.ingramcontent.com/pod-product-compliance
Lightning Source LLC
Chambersburg PA
CBHW072149170526
45158CB00004BA/1562